小神童·科普世界系列

揭秘乘除法

林晓慧◎编著

$2 \times 2 = 4$
$2 \times 3 = 6$

2^3

浙江摄影出版社
全国百佳图书出版单位

走进乘法世界

学习数学时，总能看到乘法的身影，乘法究竟是什么呢？让我们走进乘法世界，解开这个谜团吧！

相同的数需要相加的时候，乘法能提供一条"快速通道"。

$2+2+2=6 \Rightarrow 2\times3=6$

乘法是"加、减、乘、除"四则运算大家庭中的重要一员。

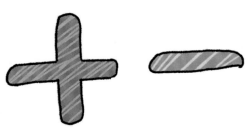 

表示乘法的符号叫作乘号，它就像是放歪了 45 度的加号哟！

加号　　　　　　　　　45°　　　　　　　　　乘号

乘号两边的数字叫作因数，也可以叫它们乘数。

而乘法运算的结果叫作积。

2	×	3	=	6
（因数）	（乘号）	（因数）	（等于号）	（积）

中国古代的《九章算术》中，记录了乘法计算的方法。

1×1=1								
1×2=2	2×2=4							
1×3=3	2×3=6	3×3=9						
1×4=4	2×4=8	3×4=12	4×4=16					
1×5=5	2×5=10	3×5=15	4×5=20	5×5=25				
1×6=6	2×6=12	3×6=18	4×6=24	5×6=30	6×6=36			
1×7=7	2×7=14	3×7=21	4×7=28	5×7=35	6×7=42	7×7=49		
1×8=8	2×8=16	3×8=24	4×8=32	5×8=40	6×8=48	7×8=56	8×8=64	
1×9=9	2×9=18	3×9=27	4×9=36	5×9=45	6×9=54	7×9=63	8×9=72	9×9=81

九九表

九九表，也叫"小九九"，是个位数的乘法口诀。

如果能把九九表牢牢地记在心里，简单的乘法计算就是小菜一碟啦！

什么是除法

和乘法相对应的是除法。你知道除法究竟是什么吗?

除法可以快速地算出一个数里面含有几个相同的数。

6 个苹果可以平均分成 3 份,每份 2 个。

$$6 \div 3 = 2$$

$$8 \div 4 = 2$$

除法也是"加、减、乘、除"四则运算大家庭中的重要成员。

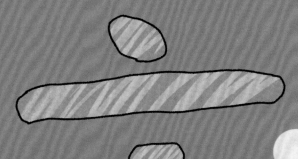

表示除法的符号叫作除号。

看，一条横杠上下各有一个小圆点，它就是除号。

7块比萨可以平均分给3个人吃吗？

除号右边的数是"除数"。

而除法运算的结果叫作商。

$$7 \div 3 = 2 \cdots\cdots 1$$

注意，除不尽的时候，还会出现余数呢！

除号左边的数叫作"被除数"。

不能哦，每人吃2块，还剩下1块哦。

5

乘法的运算方法

了解了什么是乘法，那我们该如何进行乘法的运算呢？

数的乘法，即几个相同数连加的简便算法。
比如 2×3 = 6，其实就是把 2 连续加 3 遍，
即 2 + 2 + 2 = 6。

这里有 3 束花，每一束里有 4 朵花。
数一数，总共有多少朵花？

4×3，相当于 4+4+4=12，
所以 4×3=12。

4 × 3 = 12

多位数乘一位数该怎么运算呢？我们可以将多位数进行拆分，让它们分别和一位数相乘并相加，即可得出答案。

便利店里，一盒筷子要12元，购买4盒筷子，要花多少钱呢？

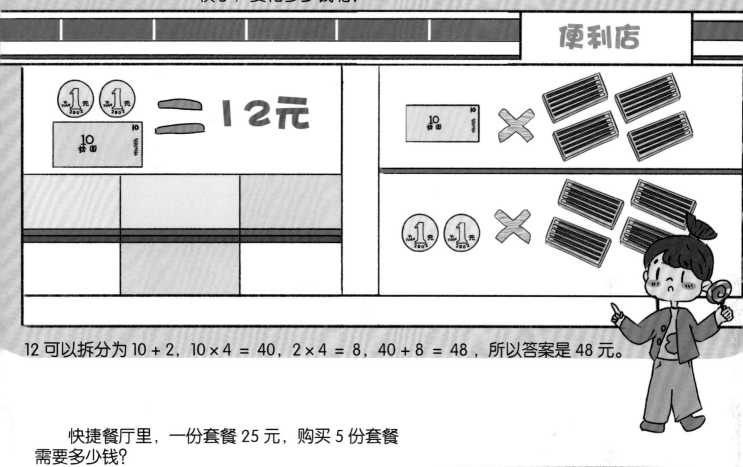

12可以拆分为10 + 2，$10 \times 4 = 40$，$2 \times 4 = 8$，$40 + 8 = 48$，所以答案是48元。

快捷餐厅里，一份套餐25元，购买5份套餐需要多少钱？

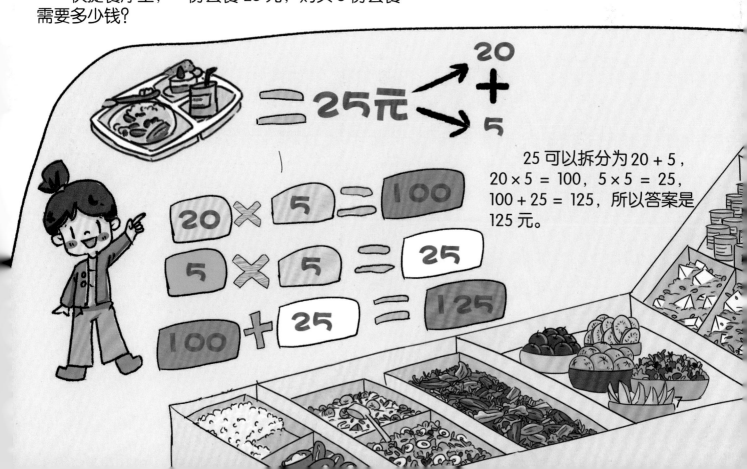

25可以拆分为20 + 5，$20 \times 5 = 100$，$5 \times 5 = 25$，$100 + 25 = 125$，所以答案是125元。

除法的运算方法

除法的运算方法也不止一种。一起来了解一下吧!

数的除法,即从一个数连减几个相同数的简便算法。

$6 \div 2 = 3$,其实就是将 6 不断地减去 2,减 3 遍可以减完,即 $6 - 2 - 2 - 2 = 0$。

这里有 8 根香蕉,要平均分给 4 只猴子。每只猴子能得到多少根香蕉呢?

$8 \div 4$,如果用连续相减的办法进行计算,那么就是 $8 - 4 = 4$,$4 - 4 = 0$,可知 $8 \div 4 = 2$。

我们也可以借助乘法口诀来计算除法。具体怎么做呢?

如果把 12 块蛋糕平均分给 6 个小伙伴,每个小伙伴能得到几块蛋糕?

想一想 6 的乘法口诀

$1 \times 6 = 6$ $2 \times 6 = 12$ $3 \times 6 = 18$ $4 \times 6 = 24$ $5 \times 6 = 30$ $6 \times 6 = 36$

我们可以找找看,哪个数和 6 相乘,会得到 12 呢?

$$6 \times 2 = 12$$

所以答案是 2 块。

神奇的加倍

小朋友，你知道什么是加倍吗？

加倍指的是增加跟原有数量相等的数量。

用乘法来表示，加倍就是某个数 ×2。

左边有 4 只萤火虫，右边萤火虫的数量加倍。请问右边有多少只萤火虫呢？

4 × 2 = 8，右边有 8 只萤火虫。

地上有 6 只小蚂蚁。如果蚂蚁的数量加倍的话，将会有几只小蚂蚁？

6 × 2 = 12，将会有 12 只小蚂蚁。

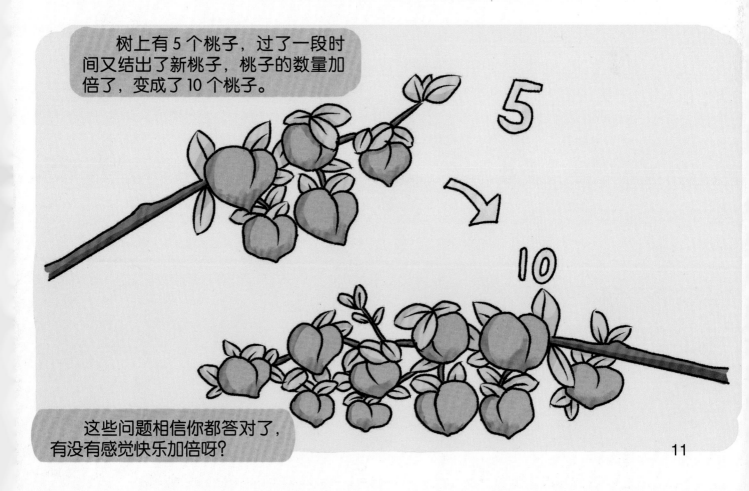

树上有 5 个桃子，过了一段时间又结出了新桃子，桃子的数量加倍了，变成了 10 个桃子。

这些问题相信你都答对了，有没有感觉快乐加倍呀？

11

有趣的对分

和加倍相对应的，是对分。究竟什么是对分呢？

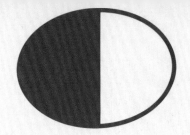

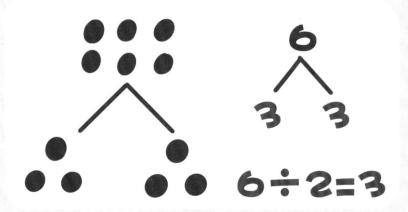

$6 \div 2 = 3$

对分指的是将某个数对半分。用除法来表示，对分就是某个数 $\div 2$。

2个小朋友将2个大西瓜对分，1个小朋友可以得到1个大西瓜。

我们可以列出除法的算式：$2 \div 2 = 1$。

货架上有 10 颗糖果。对分之后，糖果的数量减一半，变成了多少颗？

10 ÷ 2 = 5，对分之后的糖果数量是 5 颗。

往返超市需要 30 分钟，从超市回家只需要一半的时间。

30 ÷ 2 = 15，所以从超市回家需要 15 分钟。

乘法表的奥秘

学习乘法时，我们会用到乘法表。下面，让我们来揭开乘法表的奥秘吧！

任何数和1相乘，仍然得到这个数。
5×1 = 5，7×1 = 7，9×1 = 9……

1×1=1

1×2=2　2×2=4

1×3=3　2×3=6　3×3=9

1×4=4　2×4=8　3×4=12　4×4=16

1×5=5　2×5=10　3×5=15　4×5=20　5×5=25

1×6=6　2×6=12　3×6=18　4×6=24　5×6=30　6×6=36

1×7=7　2×7=14　3×7=21　4×7=28　5×7=35　6×7=42　7×7=49

1×8=8　2×8=16　3×8=24　4×8=32　5×8=40　6×8=48　7×8=56　8×8=64

1×9=9　2×9=18　3×9=27　4×9=36　5×9=45　6×9=54　7×9=63　8×9=72　9×9=8

这一列数字纷纷加倍！看，每个数都乘以2，乘积是原来的2倍。

乘法表不仅可以进行乘法运算，也可以帮助我们快速得出除法算式的答案哦！

$40 \div 8 = $?

我们知道 $5 \times 8 = 40$，那么 $40 \div 8 = 5$。

天上有 24 只风筝。其中，每 6 只风筝的颜色相同，那么天上的风筝共有几种颜色呢？

$24 \div 6 = $?

根据乘法表，$4 \times 6 = 24$，那么我们可以得出 $24 \div 6 = 4$。天上的风筝共有 4 种颜色。

15

数轴来帮忙

在进行乘法运算时，我们还可以借助数轴，让运算变得更清晰！

一只负子蝽背着 4 个卵宝宝。3 只负子蝽共背了几个卵宝宝？

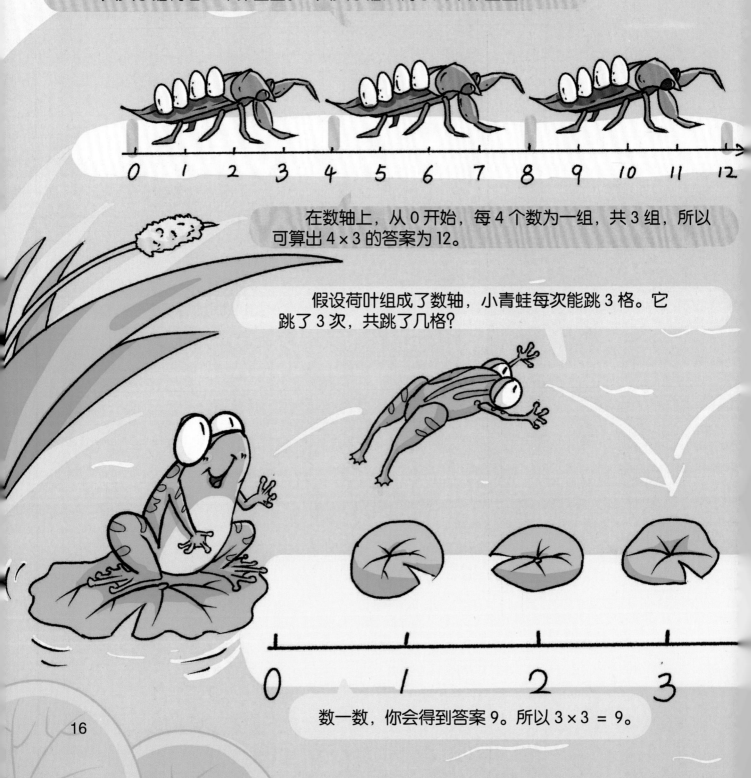

在数轴上，从 0 开始，每 4 个数为一组，共 3 组，所以可算出 4×3 的答案为 12。

假设荷叶组成了数轴，小青蛙每次能跳 3 格。它跳了 3 次，共跳了几格？

数一数，你会得到答案 9。所以 3×3 = 9。

瞧，这种标有小点点和数字的直线就是数轴。

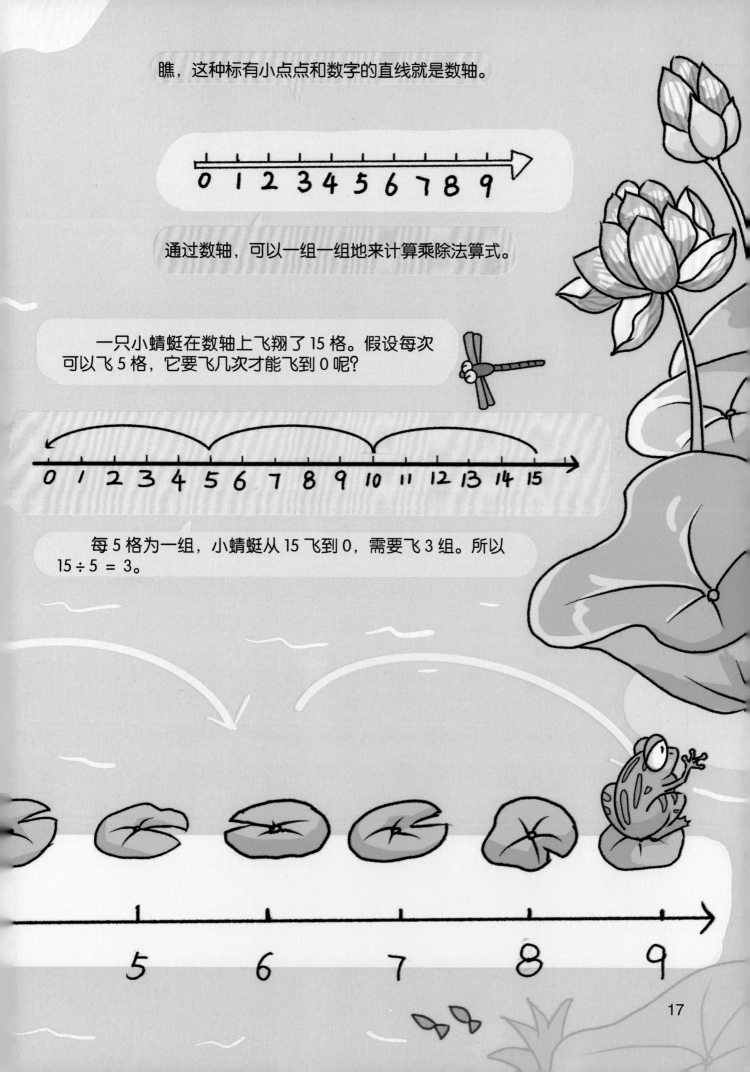

0 1 2 3 4 5 6 7 8 9

通过数轴，可以一组一组地来计算乘除法算式。

一只小蜻蜓在数轴上飞翔了 15 格。假设每次可以飞 5 格，它要飞几次才能飞到 0 呢？

0 1 2 3 4 5 6 7 8 9 10 11 12 13 14 15

每 5 格为一组，小蜻蜓从 15 飞到 0，需要飞 3 组。所以 $15 \div 5 = 3$。

5 6 7 8 9

分数真奇妙

我们在进行除法运算时，有时会用到分数。分数是什么呢？一起来认识一下吧！

$$\frac{3}{4}$$

3 —— 分子

分数线

4 —— 分母

瞧，中间这条小横线就是分数线，上面的数字叫分子，下面的数字叫分母。

分数与除法密切相关哦！被除数 ÷ 除数 = $\dfrac{被除数}{除数}$

比如，$3 \div 4$ 可以写成 $\dfrac{3}{4}$。分数线相当于除号，被除数在上，除数在下。

通常，我们看见的分数，分母比分子要大。

比如 $\dfrac{1}{2}$、$\dfrac{3}{4}$、$\dfrac{4}{5}$ 等。

1个哈密瓜，要分给 3 只小猴子。每只小猴子能得到多少哈密瓜呢?

我们可以用分数来表示，它就是 $\frac{1}{3}$。每只小猴子能得到 1 个哈密瓜的 $\frac{1}{3}$。

5 只蚂蚁抬 2 个果子。它们各自能吃到多少果子呢?

$2 \div 5 = \frac{2}{5}$（个）

每只蚂蚁能得到 $\frac{2}{5}$ 个果子哟!

100 以内的乘法

100 以内的乘法听起来很困难。其实，只要你能掌握其中的奥秘，就能轻轻松松地算对啦！

如果一个两位数的个位数字是"0"，那计算就简单多啦！我们可以把原来的两位数，拆分成与 10 相乘的式子。

快看！一群人正在排队，1 列队伍有 20 人，一共有 4 列，那么一共有几个人呢？

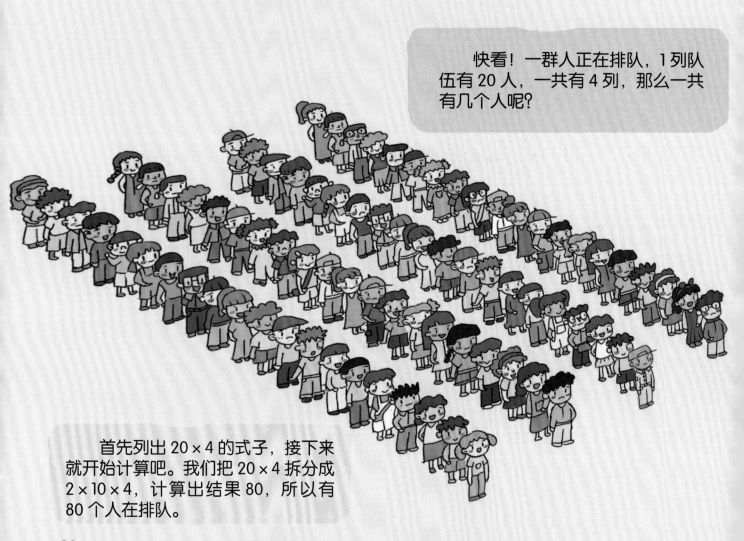

首先列出 20×4 的式子，接下来就开始计算吧。我们把 20×4 拆分成 2×10×4，计算出结果 80，所以有 80 个人在排队。

如果两位数中的个位数字不是"0"，运算就会变得稍微麻烦一点。要想应对这种情况，可以把十位和个位的数分开相乘再相加。

光明小学的一年级一共有 6 个班，每个班有 43 名学生，你能算出一年级一共有多少学生吗？

43 × 6，可拆分成 40 × 6 + 3 × 6，分别算出乘积 240 和 18。然后，再把 240 和 18 相加，就能得出答案 258 名学生啦！

100 以内的除法

学习完 100 以内的乘法后，让我们一鼓作气，接着学习 100 以内的除法吧！

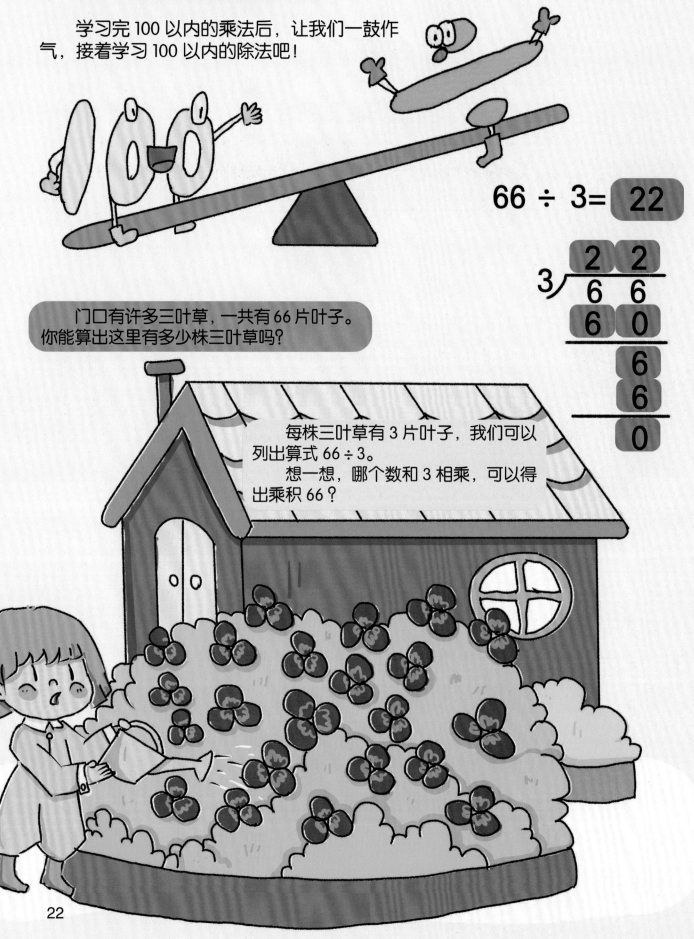

$$66 \div 3 = \boxed{22}$$

门口有许多三叶草，一共有 66 片叶子。你能算出这里有多少株三叶草吗？

每株三叶草有 3 片叶子，我们可以列出算式 66÷3。

想一想，哪个数和 3 相乘，可以得出乘积 66？

有时候，除法会有除不尽的情况。这时，我们要记得带上"小尾巴"——余数。要注意的是，除数必须比余数大。

幼儿园一共有32个苹果，平均分给7个小朋友后，还会剩下几个呢？

32 ÷ 7= 4 …… 4

$$\begin{array}{r} 4 \\ 7{\overline{\smash{\big)}\,3\ 2}} \\ 2\ 8 \\ \hline 4 \end{array}$$

列出算式：32 ÷ 7 = ?

所以，32除以7得出的结果就是"4余4"啦，每个小朋友分完4个苹果后最终剩下4个苹果。

平方的乐园

在大大的数学世界里，有一个"平方乐园"。推开它的大门，我们就能认识一位新朋友——平方。

为了表示平方，我们会把一个小小的"2"放在数字的右上角。

平方又叫二次方，是一种特别的运算。神奇的平方能让数字自己与自己相乘。例如，3 的平方其实就是 3×3，最终的结果是 9。

《西游记》"九九八十一难"中的"八十一"，就是 9 的平方哦。

有两个数字很"倔强"，它们的平方就是它们本身，快猜猜是谁吧！

数字 1 的平方，用 1 乘以 1 还是等于 1，$1^2 = 1$。

$$0 \times 5 = 0 \quad 0 \times 0 = 0$$

因为任何数和 0 相乘还会等于 0，所以，0 自己也不例外，$0^2 = 0$。

在计算正方形的面积时，我们在平方乐园学到的知识就能派上用场啦！

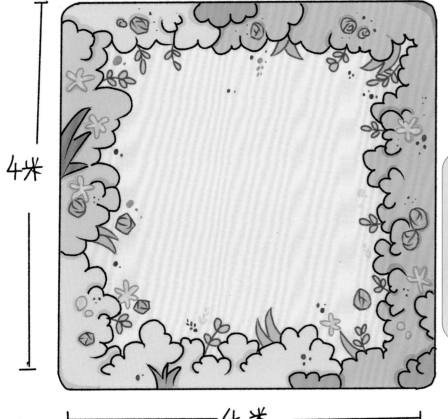

4 米

4 米

美丽的正方形花园，每条边的长度为 4 米。你能求出它的面积吗？

只需把 4 进行平方，我们就能轻松得到答案 16 平方米啦！

$4 \times 4 = 16$（平方米）

立方的乐园

在平方乐园的附近，还有一个它的"升级版"——立方乐园。这里有更多乐趣等你解锁呢！

立方又叫三次方，是"升级版"的平方。立方比平方要多一次相乘，对一个数字来说，意味着 3 个自己相乘。比如，2 的立方就是 $2 \times 2 \times 2 = 8$。

数字右上角的小数字叫作"指数"，平方的指数是 2，而立方的指数是 3。

指数

$$2 \times 2 = 2^2 = 4 \qquad 2 \times 2 \times 2 = 2^3 = 8$$

于是，在表示立方的时候，数字右上角的"小帽子"就要写成 3 哦。

在上面的例子里，2 的立方应该写成 2^3。

与平方相似，在立方乐园里，0和1的立方还是它们本身。

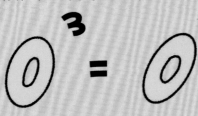 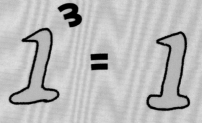

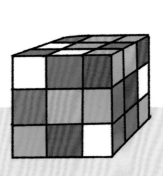

神奇的立方会在计算正方体的
体积时大显身手。

一个正方体的纸箱，长宽高
都是 50 厘米，快动动脑筋算一
算它的体积吧！

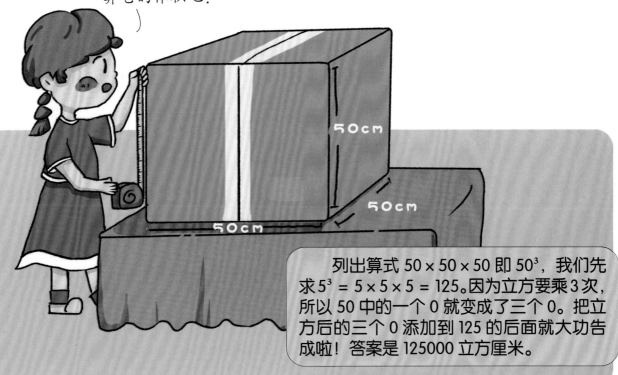

列出算式 50×50×50 即 50³，我们先
求 5³ = 5×5×5 = 125。因为立方要乘3次，
所以 50 中的一个 0 就变成了三个 0。把立
方后的三个 0 添加到 125 的后面就大功告
成啦！答案是 125000 立方厘米。

责任编辑　卞际平
文字编辑　李含雨
责任校对　高余朵
责任印制　汪立峰

项目策划　北视国

图书在版编目（CIP）数据

揭秘乘除法 / 林晓慧编著． -- 杭州 ：浙江摄影出
版社， 2022.1
　（小神童·科普世界系列）
　ISBN 978-7-5514-3639-7

　Ⅰ．①揭… Ⅱ．①林… Ⅲ．①数学—儿童读物 Ⅳ.
① O1-49

中国版本图书馆 CIP 数据核字（2021）第 248186 号

JIEMI CHENGCHU FA

揭秘乘除法
（小神童·科普世界系列）

林晓慧　编著

全国百佳图书出版单位
浙江摄影出版社出版发行
　　　地址：杭州市体育场路 347 号
　　　邮编：310006
　　　电话：0571-85151082
　　　网址：www. photo. zjcb. com
制版：北京北视国文化传媒有限公司
印刷：唐山富达印务有限公司
开本：889mm×1194mm　1/16
印张：2
2022 年 1 月第 1 版　　2022 年 1 月第 1 次印刷
ISBN 978-7-5514-3639-7
定价：39.80 元